# 美丽的花草

蓝灯童画　著绘

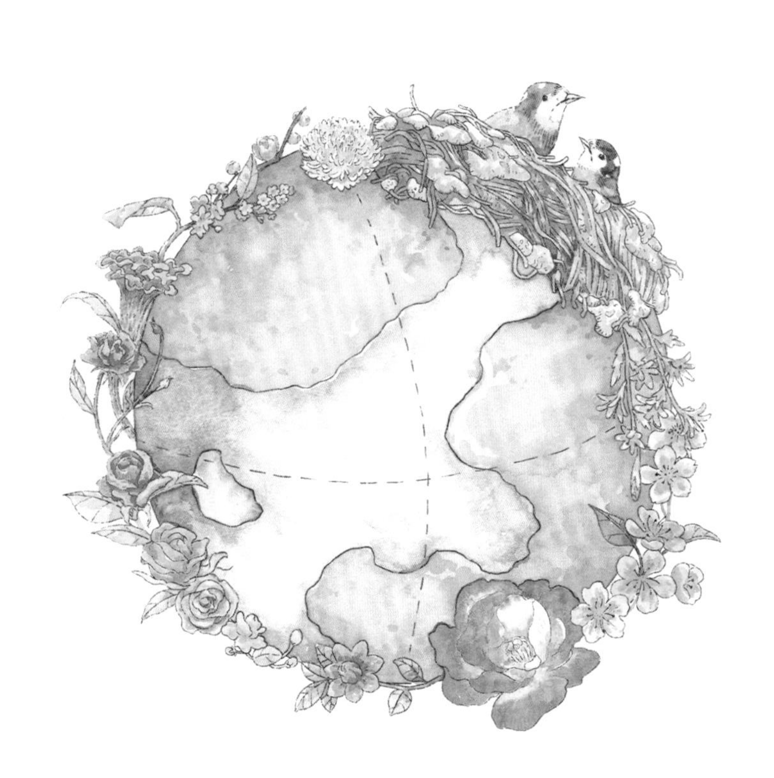

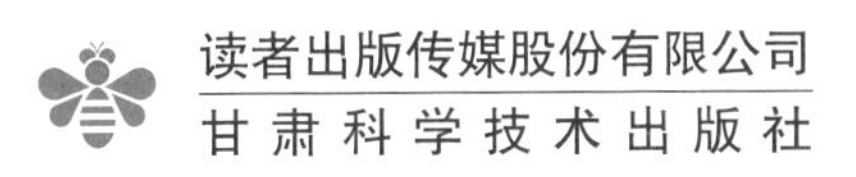

读者出版传媒股份有限公司
甘 肃 科 学 技 术 出 版 社

很多植物利用开花吸引昆虫或其他动物，通过它们传粉、受精，进行繁殖。

除了蓝色的海洋和冰冻的极地，世界上到处都有花卉的身影。据统计，目前已知的开花植物有 30 多万种。

迎春花是春的使者，是百花中最早开放的种类之一，是春天到来的象征。通常，迎春花的花朵先绽放，而后叶子才会长出。

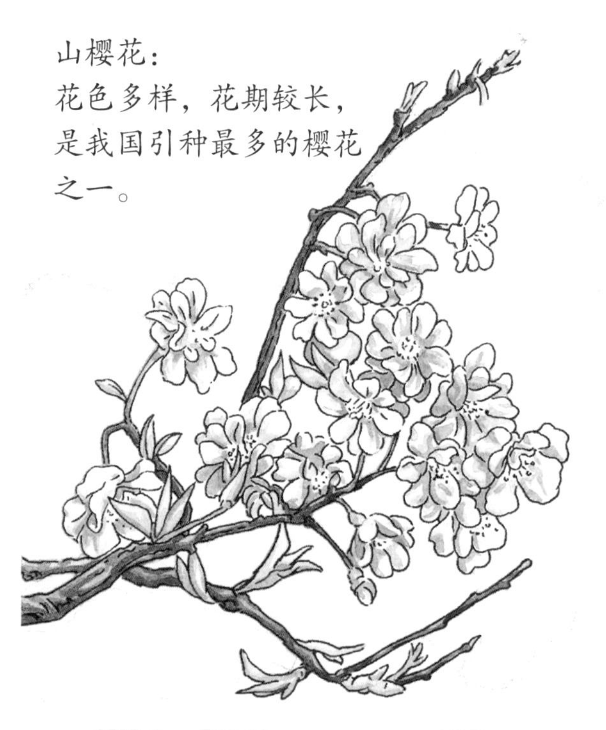

山樱花：
花色多样，花期较长，是我国引种最多的樱花之一。

松月樱：
花蕾是红色的，之后会逐渐转为白色。

御衣黄：
一种重瓣樱花，花朵呈淡绿色。

大岛樱：
花朵呈白色，是野生樱花的代表。

樱花树属于落叶乔木，常种植在公园或路边，供人们观赏。

樱花树种类繁多，一般会在春天开出漂亮的小花，多为白色和粉红色，少数呈淡绿色。

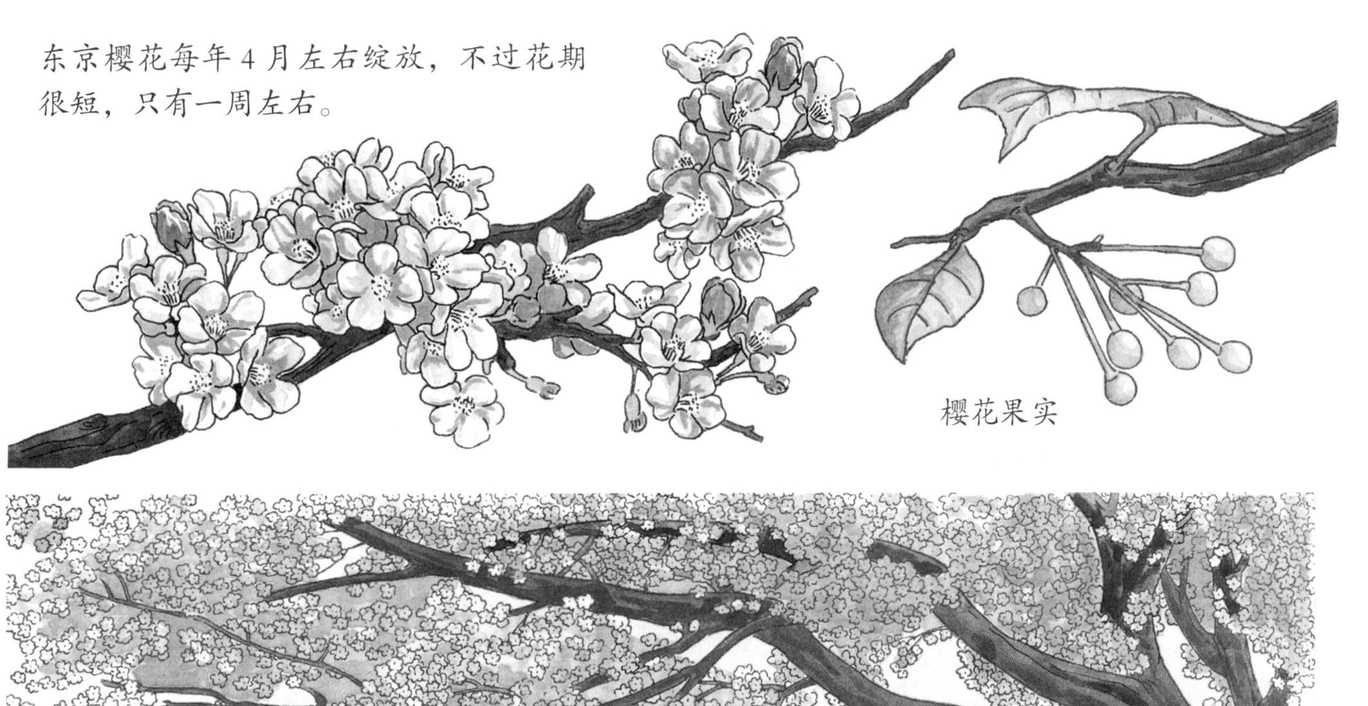

东京樱花花期短，花量大，花瓣纷纷飘落时，犹如一场浪漫的樱花雨。

樱花在日本文化中占有非常重要的位置，日语中的“花见”即专指赏樱。

梨花和桃花无论是开花时间，还是外形，都与樱花颇为相似。

樱花：
花瓣多为粉红或白色，花瓣尖有花缺。
花梗较长，花朵成簇开放，枝干上有一圈圈的横纹。

桃花：
花瓣略尖，颜色红润。
无花梗，花朵单朵开放，先开花后长叶子。

梨花：
花瓣洁白如雪，花蕊略带粉红。
花梗略长，花朵成簇开放，花和叶子都比较大。

梨花、桃花与樱花一样，都属于蔷薇科。

其中，桃花因其娇艳的外表，常被古人用来比拟美人。

春末夏初，牡丹盛开。

它们形态丰腴，色彩明亮，给人以雍容华贵的感觉。

中国有1500多年人工栽培牡丹的历史，是牡丹的原产地。

在中国传统文化里，牡丹是富贵兴旺的象征。

栀子花在夏季盛开，气味清香，因而常被人带在身边。

栀子花有单瓣的，也有重瓣的。

单瓣栀子花　　重瓣栀子花

栀子的果实是一种很好的天然黄色染料，除了能给衣物染色，还可为食品上色。

栀子花洁白素雅，没有杂色，多开在低矮的植株上。

除了栀子花，夏日里的茉莉花也十分淡雅清新。

它们的花朵雪白剔透，小巧精致，只有在开花时才会散发出香气。

只有朵大洁白且未完全开放的茉莉花苞才适合用作花茶的原料。

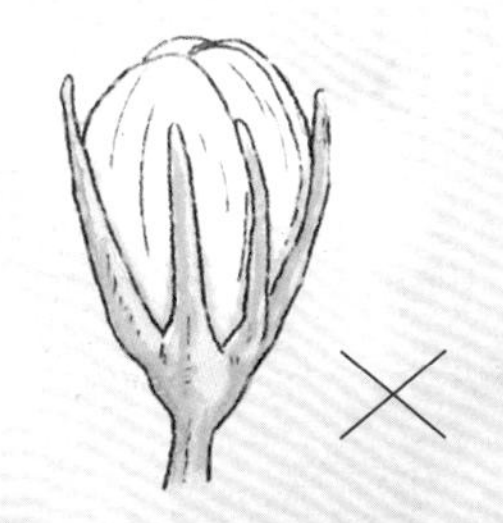

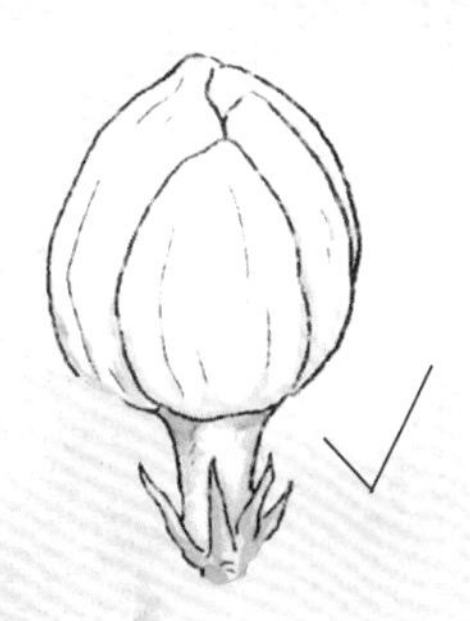

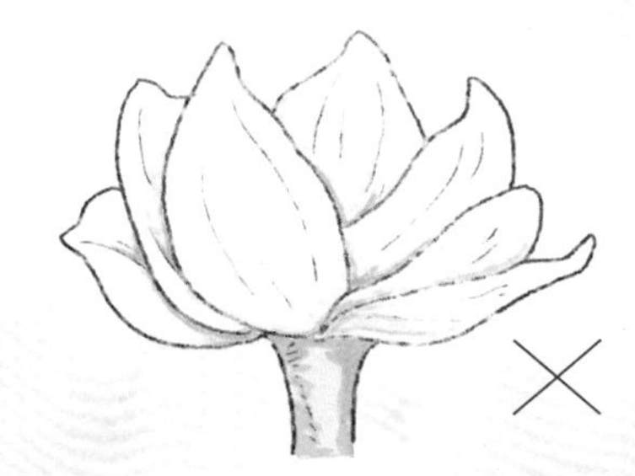

花骨朵摘下就不开花了。

花朵完全盛开，香气就散发了。

除了供人观赏，茉莉花还是重要的花茶原料。

根据茉莉花夜晚开放吐香的习性，人们常在太阳光最强的时候对其进行采摘。

除了玫瑰，人们也常用月季表达爱意。

世界上第一种现代月季——法兰西月季是由人工育种而成的。

现代月季枝条上长有刺和复叶，小叶一般 3~5 枚。

法国育种学家吉洛

现代月季常在夏日大量盛开。

它们颜色多变，大小不一，均由人工培育而成。

月季、玫瑰和蔷薇同属蔷薇科，它们外形相似，常被混淆。

鸡冠花因外形酷似鸡冠而得名，有红色、紫色、黄色等多种颜色，其中以红色最为常见。

夏末秋初，鸡冠花开了，远远望去，像极了挺立的鸡冠！

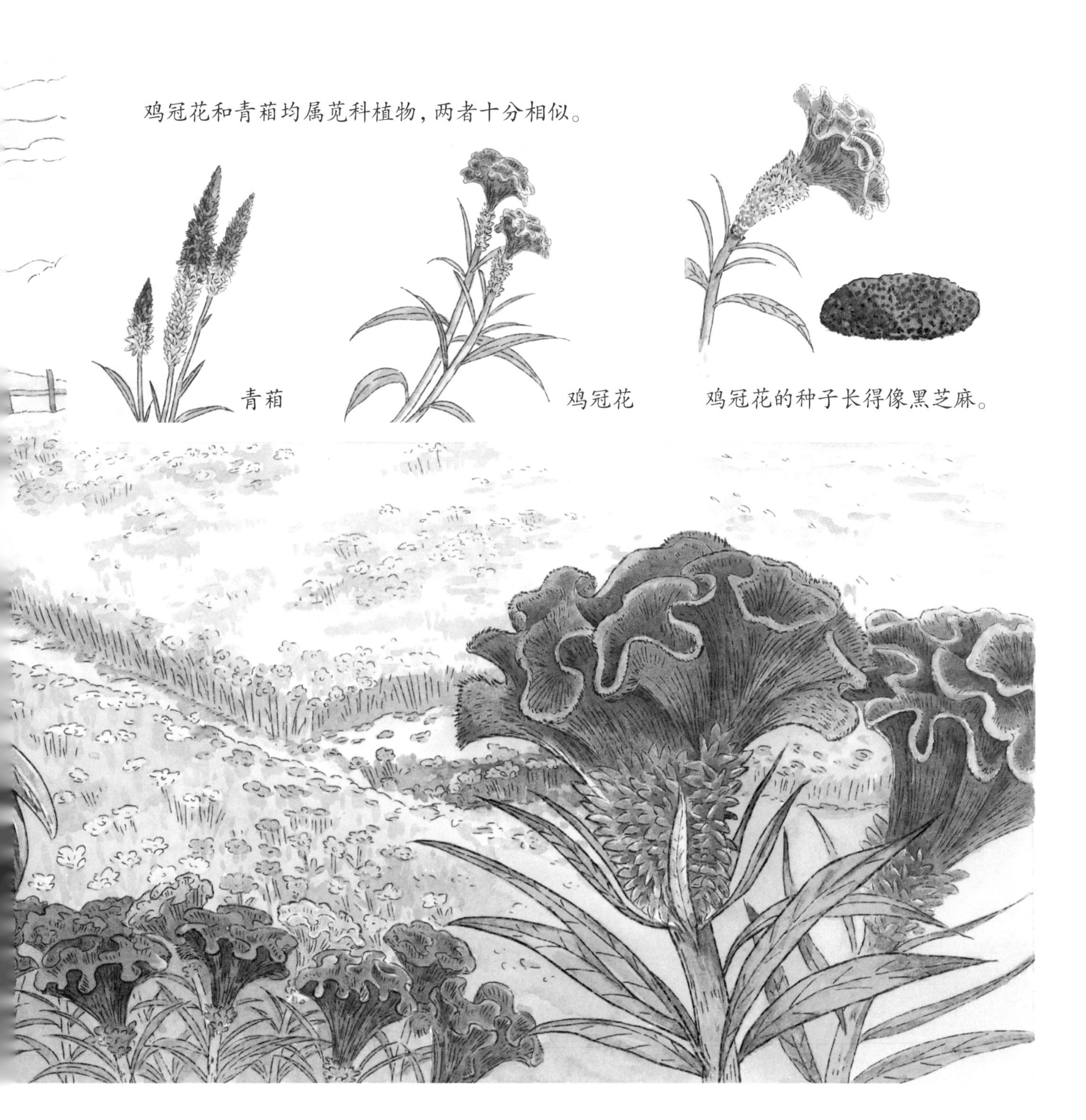


到了秋天，鸡冠花会结出许许多多黑色的种子。

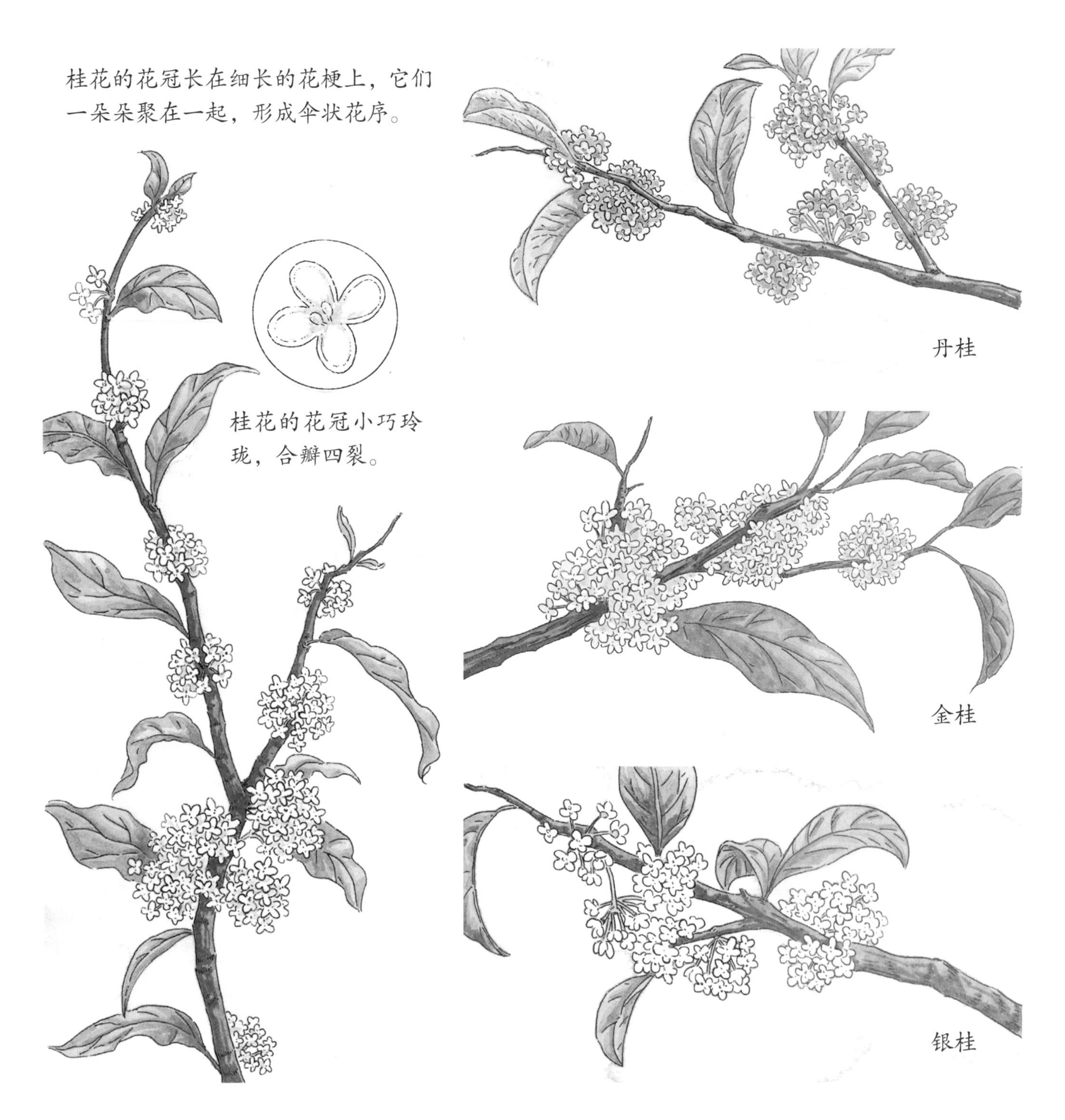


桂花是中国的传统名花，自古以来深受人们喜爱。

桂花有多个品种，花色有橘黄色、淡黄色，还有近白色。其香气沁人心脾，一般于秋季盛开。

在中国传统文化中，桂花是美好的象征。

和家人一起赏桂也是中秋的一项重要活动。

蜡梅又叫腊梅，因色如蜜蜡，在寒冬腊月开放而得名。它的花瓣是半透明的，有蜡的质感。

非蜡复非梅，梅将蜡染腮。
游蜂见还讶，疑自蜜中来。

［宋］王十朋

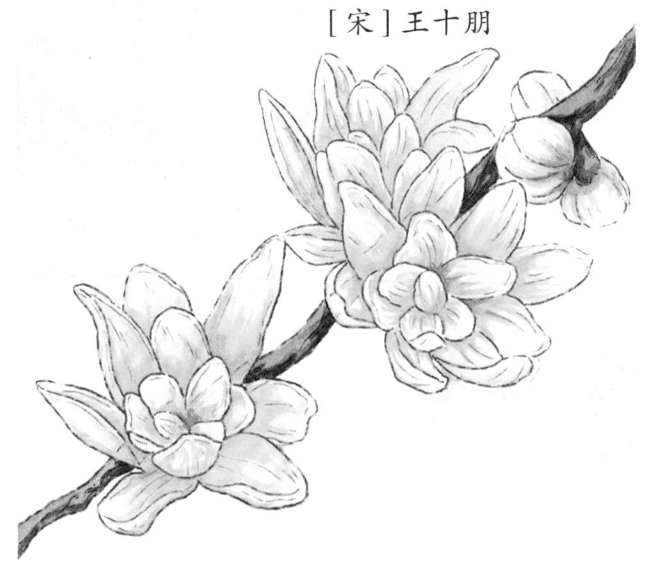

蜡梅先开花后长叶，果实有毒，不能随意食用。

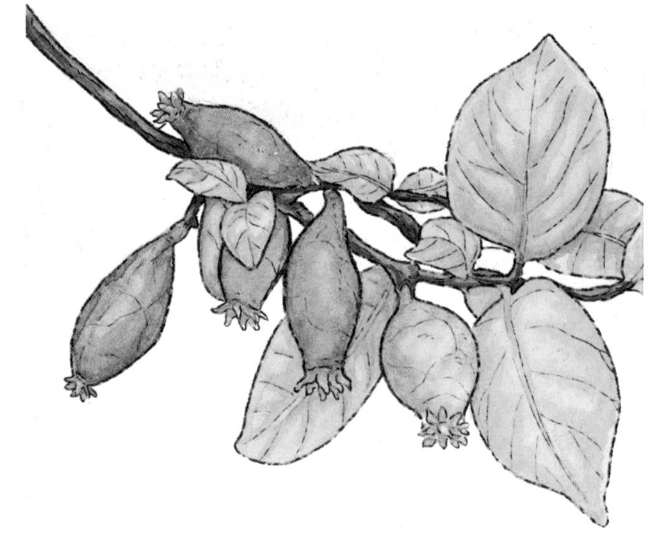

蜡梅专挑百花凋零的冬季绽放。

它们斗寒傲霜，品格高贵，自古就是人们歌咏的对象。

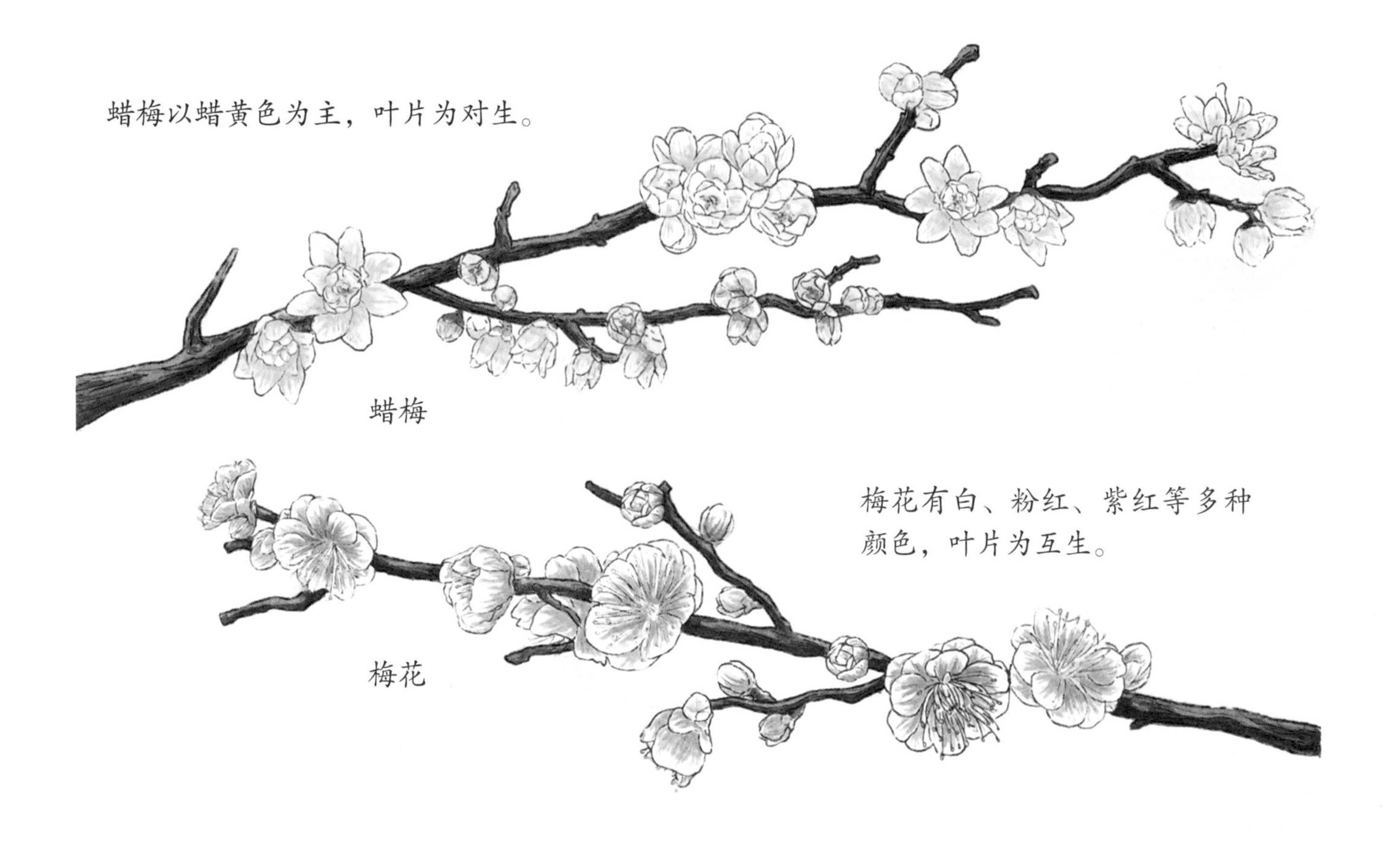


蜡梅以蜡黄色为主，叶片为对生。

梅花有白、粉红、紫红等多种颜色，叶片为互生。

蜡梅多在寒冬时节开放，而梅花则要晚一些。

蜡梅

梅花

5 角硬币上的图案是蜡梅还是梅花呢?

蜡梅属蜡梅科，而梅花则属蔷薇科。

两者虽然名字相似，实际上却是完全不同的植物。

菊花除了能通过种子繁殖，还能通过人为的扦插繁殖。将剪取的菊花茎插入土壤，一段时间后，茎就会生根，成为新的植株。

夏菊

秋菊

冬菊也称寒菊，它们会在寒冬盛开，花期从 12 月开始，直至次年 2 月左右。

菊花品种繁多，它们大多经人工培育而来，观赏性极高。

按照花期，菊花可分为夏菊、秋菊和冬菊。

在我国古代，菊花是长寿的象征。菊花酒古称“长寿酒”，人们会在重阳节这天饮用，以期能延年益寿。

现代，人们用菊花表达缅怀之情，常用白色或黄色的菊花悼念逝者。

菊花茎部笔直，不畏风霜，与梅、兰、竹并称为“花中四君子”。

马齿苋茎部粗壮呈红色，叶片厚而扁平，酷似马的前齿。

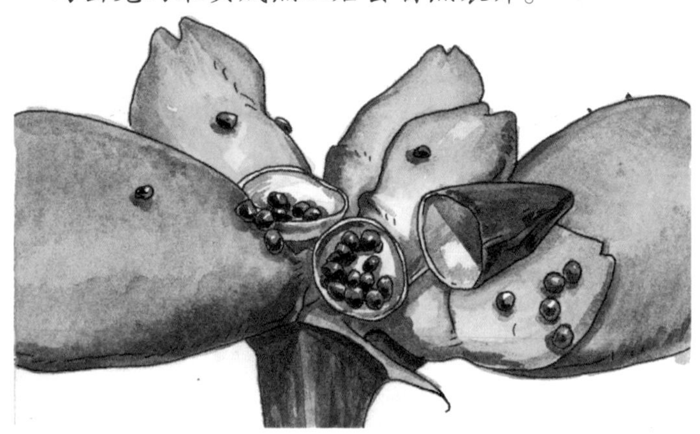

马齿苋的果实成熟以后会自然裂开。

夏天一到，野草生长得愈发旺盛了。

不少野生草本植物生命力很是顽强，具有极强的适应性，比如马齿苋和车前。

车前的叶子坚韧耐磨，即便受到多次碾压，也能继续顽强生长。

艾草常见于向阳的田埂或草地中，它们茎部挺立，上面覆有密密麻麻的白色细毛。

艾草不仅能制作出美味的食物，它们特殊的香气还能驱赶蚊虫。

狗尾草一般生长在草地或路边，它们的花穗毛茸茸的，好像小狗的尾巴。

深秋，即使种子全部掉落，狗尾草的穗也依旧保持原状，站在原地。

蛇莓也称地莓，它们适应能力很强，在贫瘠的土壤里也能生长。

蛇莓的果子看起来非常可口，其实什么味道也没有，吃了还可能会肚子疼。

花朵凋谢后，蛇莓的花托不断膨大，结出芝麻粒儿般的种子。

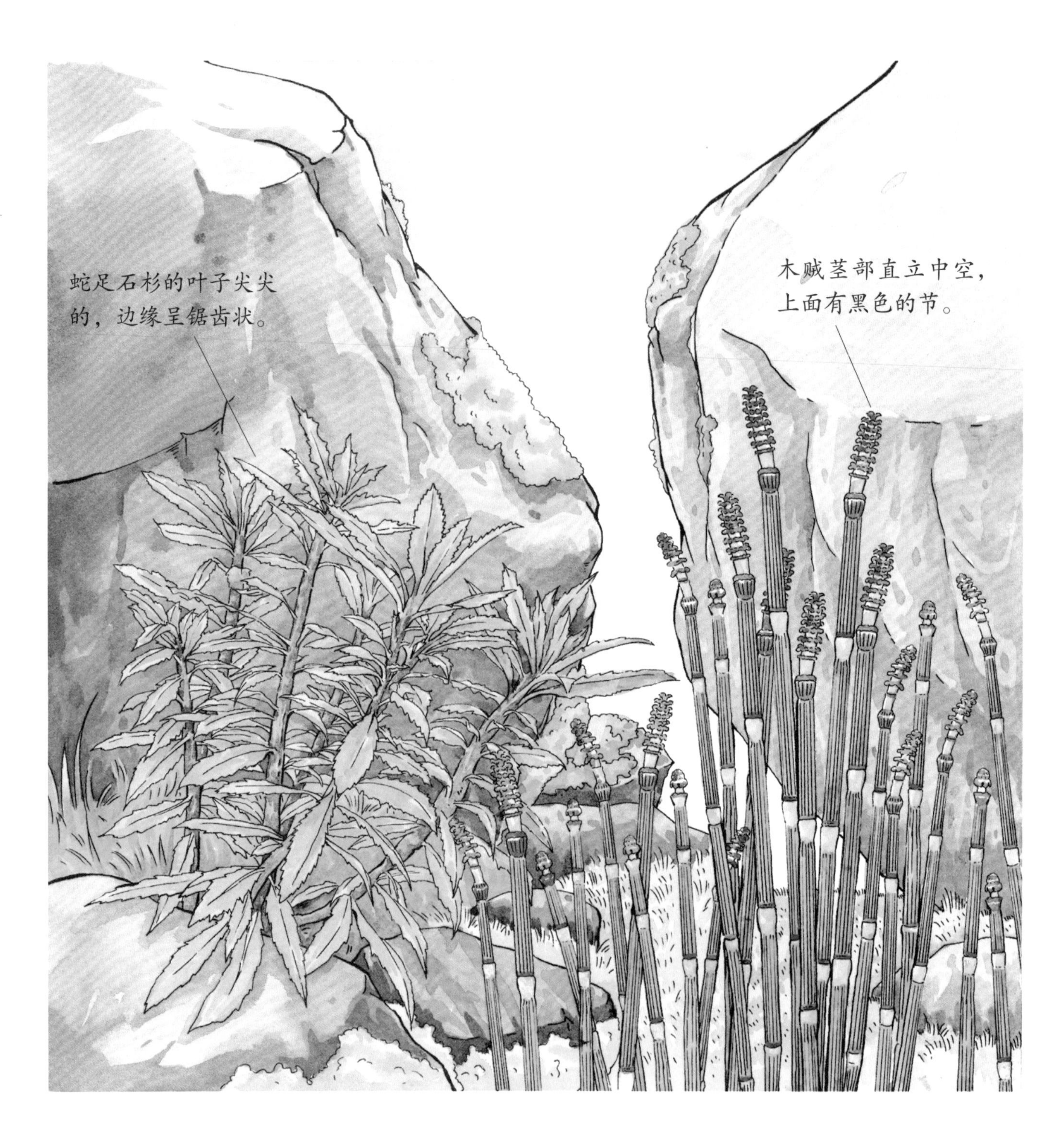


大自然中有不少蕨类植物。

它们大多喜欢阴凉、潮湿的环境。

降水稀少时，卷柏的叶子会像拳头一样缩成一团。

降水充沛时，卷柏叶子又舒展开来。

卷柏也属蕨类植物，它们常贴附在山中的岩石上。

蕨是一种常见的蕨类植物，它们一般生长在阳光充足的林间或者山坡上。

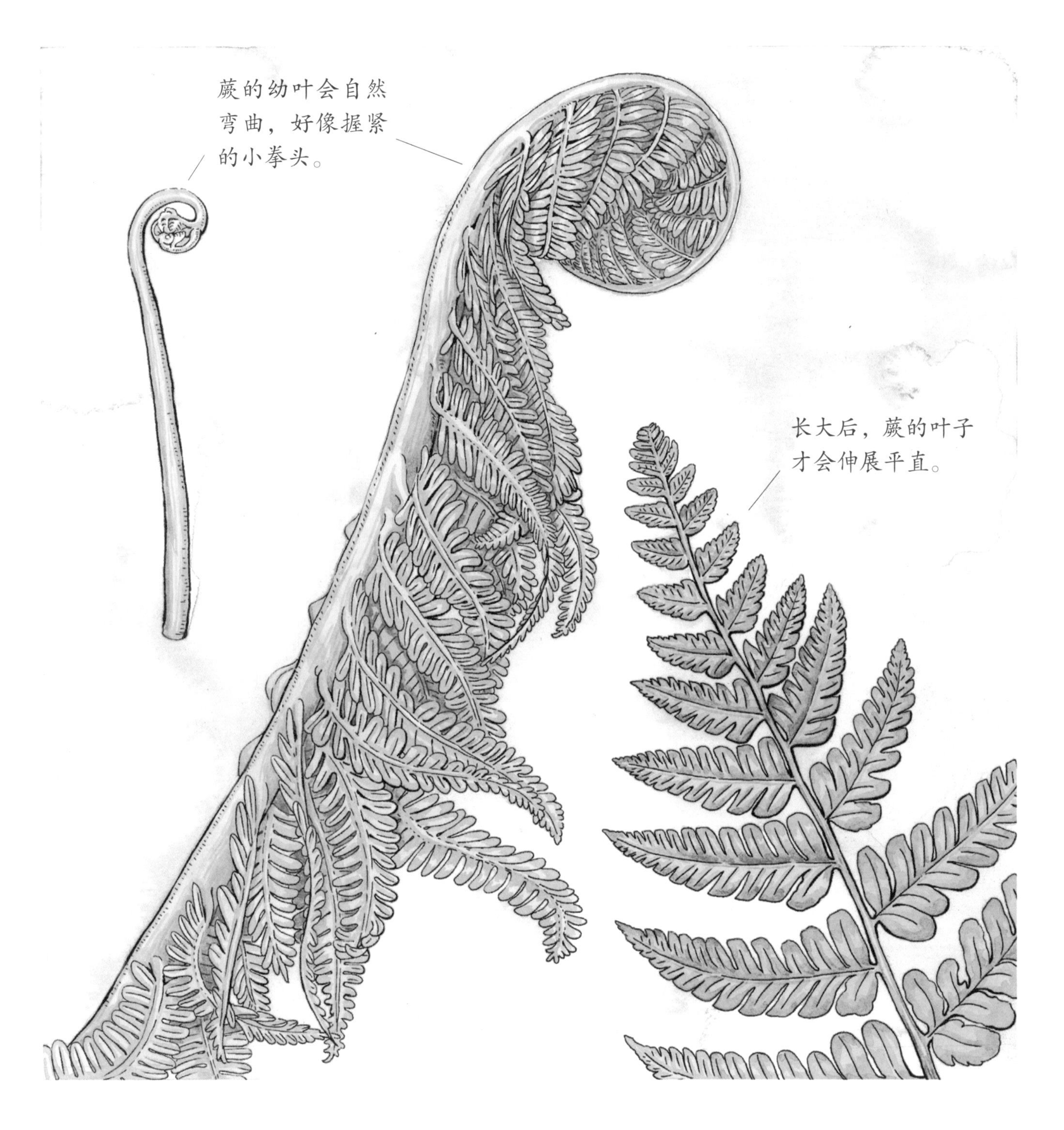


刚长出来的蕨，幼叶蜷缩成团，就像没有叶子。

蕨类植物不开花，也没有果实和种子，它们靠孢子繁殖下一代。

孢子是脱离母体后能发育成新个体的生殖细胞。

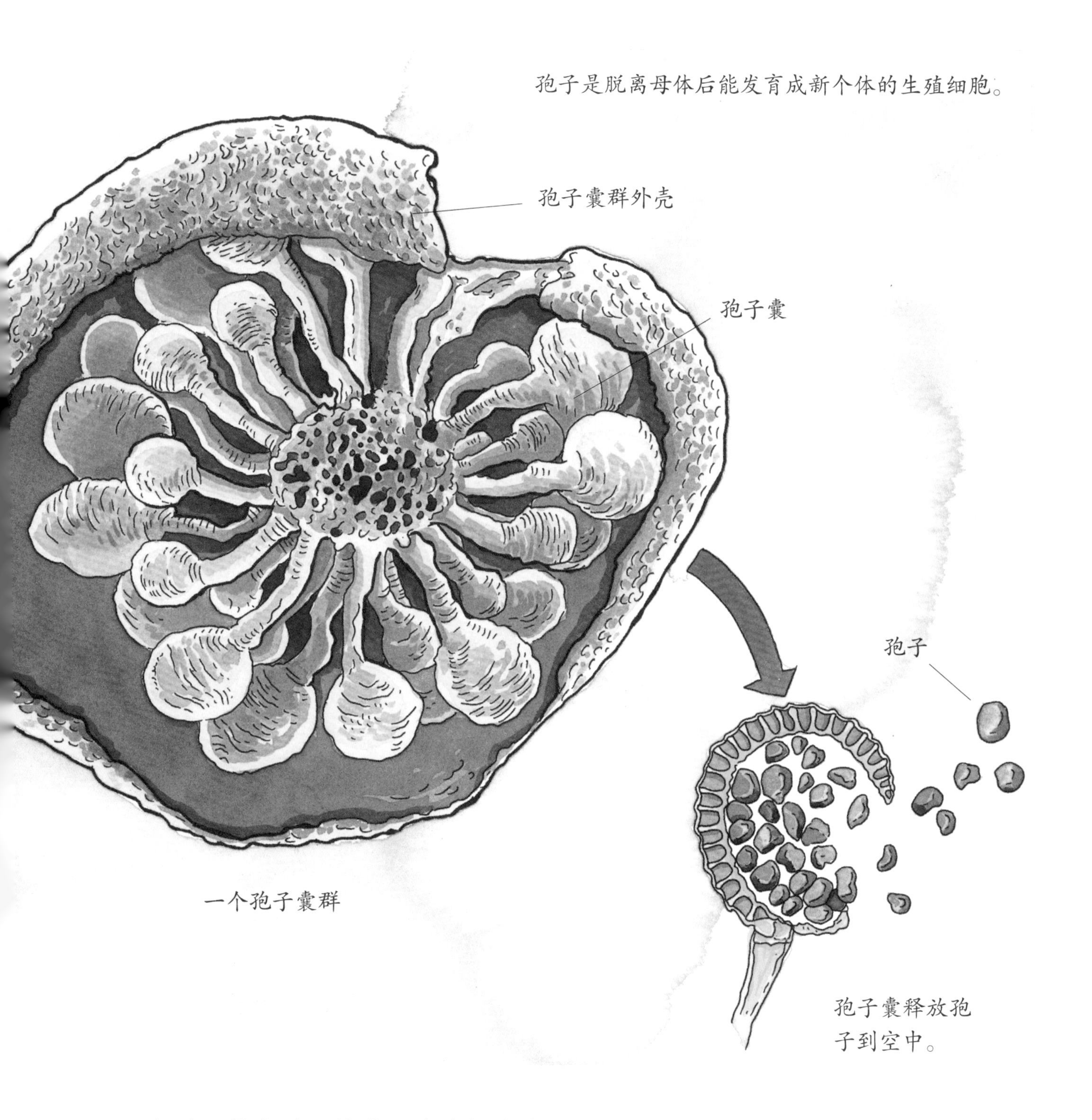


一个孢子囊群

有时，蕨类叶子的背面会有许多虫卵一样的物体，这其实是植株的孢子囊群。

在阴湿的地上，我们时常会碰到一些绿茸茸的微小植物。
它们一丛丛连在一起，就像毛绒地垫一样，这就是苔藓。

和蕨类植物一样，苔藓植物也通过孢子进行繁殖。它们的根大多数都是假根，主要起到固着植株的作用，比如地钱和金发藓。

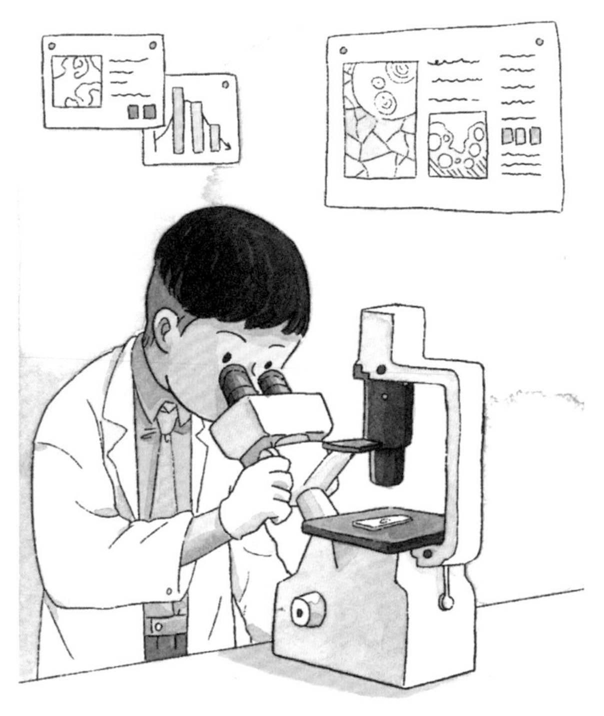

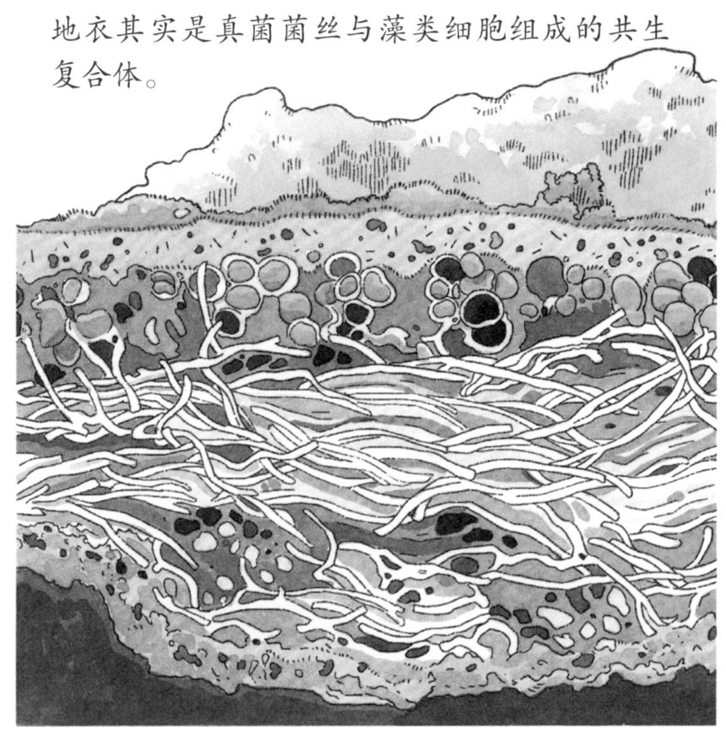

地衣其实是真菌菌丝与藻类细胞组成的共生复合体。

地衣一般生活在岩石或树干上，根据形态可分为壳状地衣、叶状地衣和枝状地衣三种。

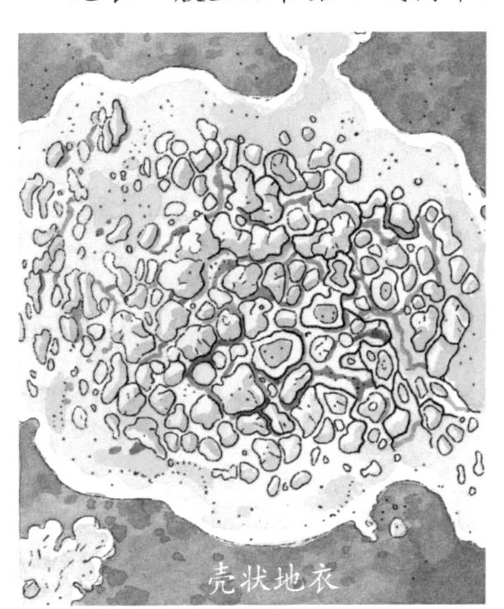

壳状地衣

叶状地衣

枝状地衣

过去，地衣被当作一种普通植物。直到 19 世纪中叶，人们才意识到它们是一种非常特别的生物体。

地衣生命力极强，即使在极端的气候条件下，也能照常生长。

墙脚、砖缝或屋顶，常能见到很多叶片肥厚的多肉植物，如瓦松。

多肉植物也称多浆植物，它们的根部、叶片或茎部肥厚多汁，能储藏大量水分。

野生植物经人工培育后，大量用于城市绿化，如常绿草本植物——麦冬。

狗牙根生长速度快，且耐践踏，广泛用作草坪铺设。

奇特的茎叶

美丽的花草

植物的馈赠

不一样的植物

史前动物与身边动物

沙漠动物与水中动物

极地动物与热带动物

地上和地下的动物王国

汽车飞机跑得快

轮船列车肚量大

工程机械好帮手

让一让城市作业车

花样主食和糕点

蔬菜水果要多吃

肉类水产营养多

大豆和调味品的秘密

什么是什么
海洋生物大揭秘

什么是什么
另类海洋生物

什么是什么
海底宝藏探秘

什么是什么
不可捉摸的海洋

什么是什么
奇妙的身体和衣服

什么是什么
身边的科学

什么是什么
物品哪里来

什么是什么
神奇电器仿生学

什么是什么
神奇的地球

什么是什么
善变的地球

什么是什么
地球和恒星

什么是什么
从银河系到宇宙

图书在版编目（CIP）数据

美丽的花草 / 蓝灯童画著绘 . -- 兰州 : 甘肃科学技术出版社 , 2021.4
ISBN 978-7-5424-2814-1

Ⅰ . ①美… Ⅱ . ①蓝… Ⅲ . ①植物 – 普及读物 Ⅳ . ① Q94-49

中国版本图书馆 CIP 数据核字 (2021) 第 061708 号

MEILI DE HUACAO
美丽的花草
蓝灯童画 著绘

项目团队 星图说
责任编辑 宋学娟
封面设计 吕宜昌

出　版 甘肃科学技术出版社
社　址 兰州市城关区曹家巷1号新闻出版大厦 730030
网　址 www.gskejipress.com
电　话 0931–8125103（编辑部）0931–8773237（发行部）

发　行 甘肃科学技术出版社　　印　刷 天津博海升印刷有限公司
开　本 889mm × 1082mm 1/16　　印　张 3.5　　字　数 24千
版　次 2021年10月第1版
印　次 2021年10月第1次印刷
书　号 ISBN 978–7–5424–2814–1　　定　价 58.00元